# LE PLATEAU INFRA-CRÉTACÉ

## DES ENVIRONS DE NIMES

PAR

M. A. TORCAPEL

La ville de Nîmes est adossée à une suite de collines qui se continuent dans la direction du Sud-Ouest au Nord-Est, d'une part jusqu'à Vergèze, de l'autre jusque vers Rémoulins. Ces collines constituent la bordure méridionale et presque rectiligne d'un plateau qui domine la plaine du Vistre et qui s'étend vers l'Ouest jusque près de Sommières, vers l'Est jusqu'au Gardon et dont la limite passe, au Nord, par Montpezat, St-Mamert, Dions, Sanillac et Rémoulins. Il forme ainsi une bande allongée du Sud-Ouest au Nord-Est dont la longueur est de quarante et la largeur de treize kilomètres.

L'altitude de ce plateau est peu élevée. Elle atteint au maximum 211 mètres près de Calvisson, 216 mètres au Nord de Nîmes, 220 mètres près Cabrières. Ces sommets ne dépassent d'ailleurs que de 30 à 40 mètres la surface générale du plateau ; son niveau est donc remarquablement uniforme et son aspect d'autant plus monotone, qu'il n'offre aux regards que des rocailles ou des marnes à peine recouvertes d'une végétation des plus rabougries. C'est, par excellence, la région des *Garrigues*.

Il est pourtant sillonné par de nombreux ravins, surtout le long de son bord méridional : tels sont les valats de Vallongue, du Chivalas et de Larrière qui débouchent près de Bernis, dans la plaine du Vistre ; les Cadereaux de St-Cézaire et de Nîmes ; le Canabou et le Versadou qui descendent des hauteurs de St-Gervasy et de Cabrières pour former le Vistre.

Au Nord-Ouest, près de Parignargues, on remarque les valats de Font St-Pierre et des Crottes ; près de Dions, ceux de Vallongue et de la Fontaine de Mourgue.

Tous ces valats sont à sec en temps ordinaire ; mais, au moment des orages, ils roulent des torrents d'eau qui inondent les terrains bas et les recouvrent des détritus arrachés aux pentes des collines ; aussi les dépressions du plateau et les plaines qui le bordent, sont-elles recouvertes d'une formation torrentielle constituée par ces détritus, c'est-à-dire par des marnes jaunes ou rougeâtres, empâtant des débris calcaires anguleux. Ces débris sont souvent cimentés en une brèche très résistante, désignée dans le pays sous le nom de *Sistre*.

Les eaux pluviales ou torrentielles ont pratiqué, à la surface du plateau, des ravinements plus importants et même de véritables vallons. Telles sont d'abord les gorges profondes et pittoresques dans lesquelles le Gardon a creusé son lit, vers la limite nord du plateau. Viennent ensuite la remarquable dépression circulaire qu'arrose le Rhosny, connue sous le nom de *Creux de la Vaunage* ; les vallons de Poulx et de Cabrières, ceux du mas de Seynes, du mas de Ponge, de Vaqueyroles et, à l'extrémité est, celui de St-Bonnet.

Entre ces vallons, sont restées des parties hautes que les érosions ont respectées et qui constituent des crêtes ou des plateaux secondaires : tels sont le *Mont* ou *Bois de Féron*, entre les vallons de Seynes et de Cabrières et les gorges du Gardon ; le plateau des Capitelles, au Nord de Nîmes; celui de Barutel, dit aussi *plan de la Fougasse* ; celui de Langlade, entre la Vaunage et la plaine du Vistre. telles sont encore la colline de Puechmejan, entre le vallon du mas de Ponge et celui de Vaqueyroles ; la crête de Peyreloube, entre ce dernier vallon et la Vaunage.

Tous ces accidents sont la conséquence de la constitution géologique du plateau. En effet, malgré son apparente uniformité, sa constitution et surtout sa structure géologiques sont beaucoup plus compliquées qu'il ne semblerait au premier coup d'œil. Nous savions sans doute, d'une manière générale, par les beaux travaux d'E. Dumas, qu'il est formé par le terrain néocomien ; mais ce savant géologue n'a donné, dans son texte, que des indications très sommaires sur la répartition des divers étages, à la surface du plateau. Il a signalé les marnes valenginiennes dans le Creux de la Vaunage, et le calcaire à *Chama* dans le Bois de Féron et les gorges du Gardon. Quant à sa carte, elle n'offre qu'une seule teinte pour l'ensemble du terrain néocomien.

Déjà en 1882, dans mon étude sur l'*Urgonien du Languedoc* [1], j'ai donné des indications complémentaires établissant que dans le Midi, aux environs de Nîmes notamment, des couches puissantes que l'on considérait comme faisant partie du terrain néocomien inférieur, devaient en réalité être rangées dans sa subdivision supérieure, c'est-à-dire dans l'étage urgonien, tel que d'Orbigny l'a établi.

Les explorations que je viens d'effectuer pour le service de la Carte géologique détaillée de la France,ont entièrement confirmé les données stratigraphiques que j'exposais en 1882. Elles m'ont en outre permis d'établir, d'une façon plus complète, la structure géologique du plateau de Nîmes. La présente note a pour objet de faire connaître les résultats de mes recherches.

Je commencerai par décrire les diverses assises qui entrent dans la constitution du plateau ; j'en indiquerai les caractères et les points où on les observe. J'exposerai ensuite la structure géologique, la tectonique du plateau. Enfin, j'essaierai d'en déduire les phénomènes orogéniques auxquels il doit son origine.

Enfin, je terminerai par quelques indications sur le régime des eaux souterraines et le bassin d'alimentation de la *Fontaine* de Nimes.

[1] A. Torcapel. *L'Urgonien du Languedoc*. Revue des sciences naturelles de Montpellier, septembre 1882.

## I. DESCRIPTION DES TERRAINS

### Valenginien ($C_V$).

Le terrain le plus ancien que l'on observe aux environs de Nîmes sont les marnes valenginiennes à *Belemnites latus*.

Ce sont des marnes grises ou bleuâtres, schistoïdes, coupées, dans leur partie supérieure seulement, par des couches de calcaire marneux.

Elles forment le fond du vallon de la Vaunage. Elles y sont presque entièrement recouvertes par les éboulis et les alluvions. On peut cependant les observer près de Langlade, St-Dionisy, Nages, St-Côme et en général dans les ravins qui sillonnent le bas des escarpements qui entourent la Vaunage. On trouve sur ces points, dans les couches supérieures, *Belemnites dilatatus* Bl. et *Bel. bipartitus* Bl. On y trouve en outre, notamment entre Langlade et Nages, de petits filonnets formant de belles plaques de *Célestine* (Strontiane sulfatée).

Les couches inférieures sont très pauvres en fossiles. Elles affleurent surtout au dessous du hameau de Sinsans, près de la route de Calvisson à Saint-Côme où j'ai découvert la zone à petites ammonites et à nodules ferrugineux qui, dans les Cévennes, existe habituellement à la base de ces marnes, mais qui n'avait pas encore été signalée dans la Vaunage. Elle est du reste ici très pauvre en fossiles et ne rappelle en rien les gisements si riches de Ganges, Vogüé, le Pouzin, etc... J'y ai cependant trouvé les espèces caractéristiques de ces marnes :

*Belemnites latus* Bl.
*Ammonites neocomiensis* d'Orb.
ainsi que le *Belemnites platyurus* Duv.

Les marnes valenginiennes ont environ 100 m. de puissance visible. Elles n'affleurent sur aucun autre point de notre champ d'étude. On ne les trouve nulle part à la surface du plateau. Les marnes grises, d'aspect analogue, que l'on observe au mas de Ponge et qui ont été souvent prises pour des marnes valenginiennes appartiennent à l'Urgonien.

### Hauterivien ($C_{IV}$).

*Marnes et calcaires à Amm. radiatus, cryptoceras* et *Crioceras Duvali.*

L'étage Hauterivien présente, aux environs de Nîmes, trois assises distinctes :

1° L'*Hauterivien inférieur* ($C_{IV_a}$), formé d'une longue alternance de marnes noduleuses et de calcaires marneux, bleus à l'intérieur, devenant gris terreux sur les surfaces exposées à l'air. Les couches de marnes, assez épaisses à la base, deviennent de plus en plus minces à mesure qu'on s'élève dans la série. Les calcaires sont irrégulièrement stratifiés et ont une tendance à se déliter en masses plus ou moins lenticulaires, souvent bicolores. La partie supérieure offre parfois des séries de petits bancs assez résistants pour être exploités comme moellons : carrières de la route d'Uzès, près du mas d'Alési (kil. 2,5), et des Parlots, dans le vallon de Fontchapelle au Nord de Nîmes.

Cette assise renferme le *Belemnites bipartitus* et les *Ammonites cryptoceras* et *radiatus*. Elle constitue la partie supérieure du deuxième étage néocomien d'E. Dumas.

Les marnes hauteriviennes forment la partie moyenne des versants qui entourent la Vaunage ; on les observe en outre le long de la route de Nîmes à Uzès, entre les bornes kilométriques 2 et 3, avant d'arriver au mas de Calvas, et entre ce mas et le hameau de la Rouvière dont les terres cultivées, formées par ces marnes, sont comme une oasis au milieu des terrains pierreux qui les entourent.

Elles apparaissent encore dans les talus du chemin qui monte, du kilom. 2 de la route de Nîmes à Alais, au tunnel de la Tour Magne. Elles se prolongent de là, en suivant le fond du vallon de Fontchapelle, et viennent butter par faille contre les calcaires cruasiens des carrières du mas du Diable et des Moulins à vent.

Elles affleurent encore à la base des coteaux hauteriviens des environs de Congeniès.

La puissance de cette assise peut être évaluée à 50 mètres.

2° L'*Hauterivien moyen* ($C_{IVb}$), constitué par des calcaires gris-terne ou jaunâtres, assez clairs, compactes, en bancs peu réguliers, séparés par des lits ondulés et exploités, surtout comme moëllons, à Aujargues, Langlade, Caveirac, dans le ravin du bois de Mittau (kil. 2.5 de la route d'Alais) ; on en tire cependant de la pierre de taille près de Calvisson.

Ces calcaires affleurent tout le long des crêtes de la Vaunage. Ils sont très faciles à étudier au nord de Caveirac où ils sont profondément entamés par le ravin des Bois. Leur puissance sur ce point est d'au moins 100 mètres. Ils existent également au nord de Nîmes, au-dessus de l'assise précédente, mais leurs affleurements sont le plus souvent cachés par les cultures.

Les bancs supérieurs sont rocheux, siliceux. La carrière de pierre à chaux hydraulique, exploitée par M. Martin, près du mas d'Everlange, sur la route de Nîmes à Uzès (kil. 2), est ouverte dans cette assise.

Sur les collines de Calvisson, d'Aujargues, de Nages, dont ils forment les crêtes, les calcaires hauteriviens se délitent en une multitude de dalles minces, irrégulières qui ont servi à édifier les murs de l'important *oppidum* construit par les Gaulois au-dessus de ce dernier village.

On trouve dans ces calcaires :

*Nautilus neocomiensis* d'Orb.
*Amm. radiatus* Brug.
— *clypeiformis* d'Orb.
— *cryptoceras* d'Orb.
— *Leopoldi* d'Orb.

*Ostrea Couloni* d'Orb.
*Amm. Astieri* d'Orb.
— *subfimbriatus* d'Orb.
*Pecten Goldfussi* Desh.
*Echinospatagus cordiformis* Breyn.

Cette assise est comprise, de même que la suivante et que nos sous-étages cruasien et barutélien, dans le 3e étage néocomien d'E. Dumas (*étage du calcaire jaune et bleu à spatangoïdes*).

3° L'*Hauterivien supérieur* ($C_{IV_a}$), formé par une série très épaisse de calcaires durs, gris ou bleus, assez foncés, avec points scintillants[1] dans la cassure, tantôt en couches minces, tantôt en bancs plus épais, surtout dans leur partie supérieure. Les bancs sont séparés par des couches de marne grise ou jaune d'épaisseur très variable (de un à deux centimètres à un ou deux mètres) et manquent de continuité, la marne passant au calcaire et réciproquement, dans les mêmes bancs.

Les calcaires se délitent en fragments polyédriques assez réguliers et sont, par suite, très propres à être utilisés dans la construction des murs de clôture; aussi forment-ils la plupart des murs et des clapiers qui séparent les propriétés aux environs de Nîmes.

Ils sont souvent ferrugineux, de même que les marnes, ce qui donne à celles-ci un aspect jaunâtre caractéristique. Les calcaires présentent de nombreuses taches de couleur rose ou amarante qui sont dûes, soit au fer, soit au manganèse et qui se retrouvent du reste dans les calcaires cruasiens et barutéliens.

Cette assise est très pauvre en fossiles. J'y ai pourtant trouvé :

| | |
|---|---|
| *Crioceras Duvali* Lèv. | *Amm. subfimbriatus* d'Orb. |
| *Amm. Astieri* d'Orb. | *Ostrea Couloni* d'Orb. |

ce qui suffit pour établir son classement au sommet de l'Hauterivien. Elle est très développée au Nord et à l'Ouest de Nîmes, et sur la partie du plateau qui s'étend entre la route de Sauve et les crêtes de la Vaunage. Elle se retrouve sur le plateau de Langlade, formant une bande assez régulière entre St-Cézaire et Boissière. Elle constitue la vaste plaine des Crottes. Elle est accidentée par une foule de cassures et de plis secondaires qui rendent souvent la stratigraphie difficile à établir. Ces accidents paraissent être, en partie du moins, le résultat de l'infiltration des eaux pluviales qui, entraînant peu à peu les marnes intercalées entre les couches calcaires, a provoqué des tassements inégaux et, par suite, des plis, des cassures et des ondulations variées.

Les calcaires marneux à *Crioceras Duvali* ont une épaisseur considérable qui peut atteindre jusqu'à 200 mètres.

Les couches marneuses prennent sur certains points une importance exceptionnelle ; ainsi, sur le plateau de Langlade, et entre Calvisson et Aujargues, on observe, entre cette assise et la précédente, une zone marneuse jaunâtre assez argileuse, qui n'a pas moins de 20 mètres d'épaisseur. On y trouve *Amm. Astieri*, *Ostrea Couboni* etc.

Les couches marneuses forment les champs cultivés au sud de la route de Sauve près des Gardies, du mas Baron, etc.

Elles prennent aussi une épaisseur considérable à la partie supérieure de l'assise vers Vaqueyroles, St-Pierre de Vaquières et Parignargues. En même temps

[1] Ces points brillants sont insolubles dans l'acide chlorhydrique et paraissent dus à de petits grains de quartz hyalins, les uns arrondis, les autres anguleux.

la nuance des calcaires s'éclaircit et passe, dans cette région, du gris-bleu ou jaunâtre, ce qui, vu la rareté des fossiles, pourrait faire confondre ce terrain avec le Barutélien. si on n'avait pas égard à la stratigraphie générale. Toute incertitude cesse lorsqu'en marchant vers le Nord on rencontre, près des Crottes, au-dessus de ces calcaires marneux, les calcaires rocheux cruasiens, puis à Vallongue, après avoir traversé ces derniers, les marnes barutéliennes, recouvertes à leur tour, près du mas de Thérond, par les calcaires donzériens (voir la carte et les coupes n$^{os}$ 6 et 7).

En raison de sa structure et de sa nature marno-calcaire, cette assise est très propre à retenir les eaux pluviales, et à les emmagasiner pour ne les laisser échapper que graduellement, à l'affleurement des couches argileuses; aussi y trouve-t-on de nombreuses sources dont quelques-unes ne tarissent pas; telles sont la belle source de Vaqueyroles, celles de St-Pierre de Vaquières, de Montpezat, du mas des Crottes, etc.

## **Cruasien** ($C_{IIIb}$).

*Calcaires à Ammonites cruasensis.*

Au-dessus de l'Hauterivien, viennent des calcaires rocheux à gros bancs réguliers, gris-bleu et compactes dans les bancs inférieurs, de couleur claire, jaunâtres ou blanchâtres et subcrayeux, dans les bancs supérieurs. Ils se délitent en fragments irréguliers et offrent une cassure largement conchoïdale. Les couches supérieures sont quelquefois un peu marneuses et suboolithiques ; alors la roche se délite en plaquettes minces et régulières. C'est ce qu'on peut observer surtout aux environs du bois de Mittau. Lorsqu'elles sont rocheuses, comme à la Fontaine de Nîmes, on y trouve de nombreux rognons de silex et la roche contient un grand nombre de cristaux de carbonate de chaux lamellaires qui lui donnent un aspect saccharoïde, et ne sont autre chose que des débris d'encrines et de bryozoaires. Ces cristaux se mélangent parfois avec un nombre infini de menus fragments de coquilles, de piquants d'oursins, qui font passer la roche à une véritable lumachelle [1].

Cette assise qui s'étend dans tout le Gard et jusque dans l'Ardèche, et pour laquelle j'ai proposé en 1883 le nom de *Cruasien* est largement représentée aux environs de Nîmes.

Les calcaires cruasiens constituent, près Nîmes, le rocher de la Fontaine, le mont d'Haussez, le mont Duplan, le mont Cavalier, la base du Puech d'Autel, la colline de St-Cézaire. Au Nord de Nîmes. ils affleurent le long du bord du plateau des Capitelles et au bois de Mittau. Ils forment le long de la route de Nîmes à Anduze, entre le mas de Ponge et Gajean, une bande étroite qui disparaît vers Parignargues. sous les dépôts lacustres. Ils reparaissent par lambeaux le long de la limite ouest du plateau. Enfin, de l'autre côté de la Vaunage, ils forment une zone régulière. sur le plateau de Langlade.

[1] Ces calcaires lumachelliques sont très résistants et par suite recherchés pour la confection des pavés et pour l'empierrement des routes.

A l'Est de Nîmes, ils forment une autre zone qui constitue les crêtes des collines, entre les Capitelles et St-Gervasy.

C'est dans ces calcaires que sont ouvertes, aux abords même de Nîmes, les nombreuses carrières qui fournissent la pierre dite *Roquemaillère* et dont les plus importantes sont celles qui s'étendent le long de la route d'Alais, entre le Cimetière protestant et le viaduc du chemin de fer. La masse des calcaires cruasiens est partagée là en deux zones distinctes et d'épaisseurs sensiblement égales, par un banc marneux de 3 m. d'épaisseur rempli de rognons de silex, qui traverse la route et le Cadereau à l'origine de la grande carrière ouverte à la base même du coteau de la Tour Magne. Les calcaires inférieurs sont gris bleu, un peu marneux, tandis que les supérieurs qui sont surtout exploités sur la rive droite du Cadereau, sont jaunâtres et plus résistants. On trouve dans leurs bancs supérieurs de nombreux silex mamelonnés, affectant parfois des formes étranges.

Comme tous les calcaires rocheux, les calcaires cruasiens sont souvent caverneux et coupés par de nombreuses fentes verticales, et des crevasses remplies de limonite, d'aragonite, de bauxite. ou simplement de matières terreuses ou sableuses plus ou moins lavées par l'infiltration des eaux.

La puissance de cette assise peut être évaluée à 150 mètres. On y trouve, aux environs même de Nîmes, les fossiles suivants :

| | |
|---|---|
| *Nautilus plicatus* Sow. | Carrières de Nîmes. |
| *Amm. augulicostatus* d'Orb. | id. |
| — *subfimbriatus* d'Orb. | Vaqueyroles. |
| — *cruasensis* Torc. | Carrières de Nîmes. |
| — *crioceroïdes* Torc. | id. |
| — *pachysoma* Coq. | Vaqueyroles. |
| — *cf Matheroni* d'Orb. | Carrières de Nîmes. |
| — *fallax* Coq. | id. |
| *Crioceras Duvali* d'Orb. | Vaqueyroles. |
| — *Emerici* d'Orb. | Bois de Mittau. |
| *Ancyloceras cf Matheroni* d'Orb. | Carrières de Nîmes. |
| *Nemausina neocomiensis* E. D. | très commun. |

## Barutélien ($C_{IIIa}$)

*Calcaires et marnes à Ammonites difficilis.*

Les calcaires rocheux cruasiens sont recouverts par un système puissant de marnes et de calcaires plus ou moins marneux, que l'on peut étudier surtout au Nord de Nîmes, le long de la route d'Uzès. J'ai donné en 1882 la coupe détaillée de cette formation (1). Je crois devoir la reproduire ici, en raison de l'intérêt spécial qu'elle présente, étant une des plus claires et des mieux développées de notre champ d'étude.

Vers le kilom. 6, au haut de la rampe qui aboutit au Champ de tir de Mas-

[1] A. Torcapel. *L'Urgonien du Languedoc.*

sillan, on est sur les calcaires cruasiens, et près du *Rendez-vous* du Champ de tir on remarque, plongeant de 30° au Nord les couches rocheuses et à lumachelles qui en forment la partie supérieure. En se dirigeant vers Uzès on observe ensuite, recouvrant ces calcaires, les couches ci-après :

| | | |
|---|---|---|
| | Calcaire gris clair, marneux, se délitant en plaquettes, partie supérieure des calcaires cruasiens | 20 mètres |
| a. | Marne grise, argileuse et couches de calcaires marneux, avec *Echinospatagus Ricordeaui*, *Botriopygus obovatus*, *Ancyloceras* cf *Matheroni*. | 50 |
| b. | Calcaire jaunâtre assez compacte | 60 |
| c. | Marne argileuse formant le fond du vallon du mas de Seynes | 40 |
| d. | Calcaire marneux à gros nodules et couches de marne intercalées | 10 |
| | Calcaire jaune clair, compacte ou un peu marneux, suboolithique, avec Térébratules et *Nemausina neocomiensis*, traversé dans la grande tranchée de la route. | 100 |
| e. | Marne argileuse et calcaire marneux | 55 |

Calcaire à *Chama ammonia*, commençant par un banc compacte, rosé, avec *Ostrea aquila*, base du Donzérien.

Toutes ces couches se recouvrent successivement, en stratification concordante, et plongent au Nord de 25 à 30° en moyenne.

Cette coupe nous offre ainsi la série complète des couches comprises entre la partie supérieure du Cruasien et la base du calcaire à *Chama*. J'ai désigné ce système sous le nom de *Barutélien*, parce que les grandes carrières de Barutel, situées non loin de la station du mas de Ponge, sont ouvertes dans les calcaires de l'assise *d*.

En continuant vers Uzès, nous marchons sur le calcaire à *Chama* et, après avoir traversé le point culminant du plateau, on voit ce calcaire, dont le plongement était au Nord, s'incliner vers le Sud. Près de la maison du cantonnier, les couches marneuses du Barutélien reparaissent sous le calcaire ; on retrouve alors, en sens inverse, la série précédente, et, grâce aux déblais faits pour la rectification de la route, on peut étudier d'une manière plus complète la partie supérieure du système. Voici la coupe que j'ai relevée sur ce point, en descendant, à partir du calcaire à *Chama* :

Calcaire jaunâtre compacte, rosé dans les bancs inférieurs, base du calcaire à *Chama*.

| | | |
|---|---|---|
| e. | Calcaire marneux, jaunâtre, par couches irrégulières, avec marnes intercalées : *Rynchonella gibbsiana*, *Panopœa Prevosti*, *Echinospatagus Ricordeaui*, *Ostrea aquila* | 2 mètres |
| | Marne argileuse jaunâtre avec *Corbis corrugata* | 3,50 |
| | Marne noduleuse | 4 |
| | Marne grise argileuse | 45 |

| | | |
|---|---|---|
| d. | Calcaire gris jaunâtre compacte ou marneux, avec couches de marnes intercalées, à stratification peu régulière *Nemausina neocomiensis* | 4m,50 |
| | Marne grise noduleuse | 6 |
| | Calcaire comme le précédent | 100 |
| c. | Marne noduleuse et argileuse | 30 |
| | Calcaire gris compacte | 2 |
| | Marne jaune noduleuse avec *Echinospatagus Ricordeaui* | 15 |
| | Calcaire gris noduleux assez compacte | 0,60 |
| | Marne grise argileuse avec *Echinospatagus Ricordeaui* | 11 |
| b. | Calcaire marneux jaune ou bleu, buttant par faille contre le calcaire à *Chama*, épaisseur visible au moins | 50 |

Toutes ces couches se succèdent régulièrement, avec un plongement sud de 50° dans le haut et de 30° à la base.

Bien que cette dernière coupe ne donne pas la série complète des couches, puisque la partie inférieure disparaît dans une faille, on voit cependant qu'elle concorde bien avec la précédente et qu'elles accusent toutes deux entre le Cruasien et les calcaires à *Chama* :

*a.* — Des marnes argileuses ou noduleuses sur 50 mètres environ d'épaisseur.
*b.* — Une première assise calcaire d'environ 60 mètres de puissance.
*c.* — Une nouvelle série de marnes sur 40 à 50 mètres.
*d.* — Une seconde assise calcaire de 110 mètres d'épaisseur.
*e.* — Une troisième série de marnes de 55 mètres d'épaisseur.

Ce qui donne à l'ensemble une puissance moyenne de 320 mètres.

Le Barutélien constitue la plus grande partie du vaste Champ de tir de Massillan, ainsi que les vallons de Poulx, de Cabrières et de St-Bonnet. Il forme la masse entière du plateau de Barutel (autrement dit *plan de la Fougasse*) où sont ouvertes les carrières qui, déjà exploitées par les Romains, ont fourni la plus grande partie des pierres de taille des Arènes et des autres monuments anciens de Nîmes.

On le retrouve très-développé tout le long de la bordure sud du plateau de Langlade, entre Milhaud et Vergèze.

Enfin on en observe un lambeau, pincé dans un repli du Cruasien, au vallon de Vaqueyroles.

Les marnes du Barutélien sont grises ou bleues, ferrugineuses et, par suite, jaunissent à l'air. Elles sont le plus souvent noduleuses et, même dans les parties où elles sont le plus argileuses, elles sont toujours grumeleuses, un peu sableuses et rudes au toucher. Elles se délitent en petites plaquettes irrégulières marbrées de gris et de jaune ocreux.

Dans certains bancs, au mas de Ponge, notamment, elles prennent l'apparence des marnes à *Belemnites latus* du Valenginien, mais elles n'ont jamais la régularité de ces dernières et sont toujours entremêlées de nodules et de lits calcaires qui les en distinguent.

Les calcaires barutéliens sont ordinairement d'un jaune ocreux à la surface et bleu-clair dans la profondeur. Ils sont généralement noduleux, à pâte plus ou moins compacte, souvent suboolithique ou finement grumeleuse. Ils offrent fréquemment des veines, des marbrures couleur lie de vin ou amaranthe, dûes aux oxydes de fer et de manganèse.

D'autres fois, comme à Barutel, ils sont blanchâtres, massifs, d'un grain très homogène. Il en est de même à Uchaud et à Vergèze où ils sont également exploités comme pierres de taille. Près de cette dernière localité, ils forment un massif épais de bancs cristallins et siliceux qui sont exploités pour l'empierrement des routes dans une multitude de carrières.

A Milhaud, dans la tranchée du chemin de fer, ils laissent échapper quelques suintements bitumineux.

La stratification du Barutélien est, en général, très irrégulière. Les couches calcaires ou marneuses qui le constituent n'offrent pas du tout la régularité, la continuité que l'on remarque dans le Cruasien. On voit, au contraire, les calcaires passer à la marne et, réciproquemment, les marnes devenir calcaires dans le prolongement de leurs bancs. C'est ainsi qu'aux marnes du vallon de Cabrières succèdent, vers l'Est, les calcaires blanchâtres des collines qui s'étendent entre Besouce et Lédenon. C'est ainsi, encore, que les marnes du mas de Thérond deviennent calcaires vers l'extrémité ouest du vallon, en sorte qu'on a de la peine, de ce côté, à saisir la séparation du Barutélien et du Donzérien. Il se développe, en outre, par place, notamment au quartier de l'Homme-mort et près des hameaux de Vallonguette et de Cambis, des bancs très rocheux rappelant ceux du Cruasien ou du Donzérien, mais qui n'ont pas de continuité.

Aux environs de Nîmes, le Barutélien n'est pas très riche en fossiles; voici la liste de ceux que j'y ai recueillis jusqu'à présent [1].

| | |
|---|---|
| *Belemnites Emerici* Rasp. | Marnes jaunes entre Boissière et Uchaud. |
| — *pistilliformis* Bl. | id. |
| — *fusiformis* Volz. | id. et carrières de Barutel. |
| *Ammonites difficilis* d'Orb. | id. |
| — *Fabrei* Torc. | Calcaire et marnes de Vergèze |
| — cf *flexisulcatus* d'Orb. | Marnes jaunes entre Boissière et Uchaud. |
| — cf *Seunesi* Kil. | id. |
| *Ancyloceras* cf *Matheroni* d'Orb. | Massillan |
| *Corbis corrugata* Sow. | id. |
| *Cyprina angulata* Sow. | id. |
| *Panopæa Prevosti* d'Orb. | Poulx |
| *Ostrea aquila* d'Orb. | id. |
| *Rhynchonella Gibbsi* Sow. | id. |
| *Terebratula sp.* | Mas de Seynes, Milhaud |

(1) Voir pour la faune plus complète du Barutélien les renseignements donnés en 1884 dans mes *Nouvelles recherches sur l'Urgonien du Languedoc* (Revue des Sciences naturelles de Montpellier).

| | |
|---|---|
| *Echinospatagus Ricordeaui* Cott. | Poulx, Massillan, Besouce. |
| *Botriopygus obovatus* d'Orb. | Massillan. |
| *Pygaulus Desmoulinsi* Ag. | Marnes grises près Besouce. |
| — *numidicus* Coq. | id. |

*Nemausina neocomiensis*, E. Dumas, très commun.

Cette faune ainsi que celle du Cruasien appartiennent au faciès dit *barrémien*.

## Donzérien ($C_{II}$)

*Calcaire à Chama ammonia.*

Cette assise à laquelle j'ai donné le nom de *Donzérien* parce que, dans son prolongement vers le Nord, elle constitue l'étroit défilé que le Rhône s'est creusé entre Viviers et Donzère, représente le 4e étage néocomien d'Emilien Dumas.

Elle forme une large bande le long de la limite Nord du plateau de Nîmes, et c'est dans ses bancs rocheux que le Gardon a creusé les gorges abruptes dans lesquelles il coule, entre Dions et Rémoulins.

Le Donzérien qui n'a pas moins de 500 mètres d'épaisseur totale est formé, à la base, par un calcaire blond, subcristallin, à silex, qui ressemble beaucoup au calcaire cruasien à lumachelles, mais dans lequel on trouve des *Chama* et l'*Ostrea aquila*.

Au-dessus, les calcaires deviennent blancs, très cristallins, sont remplis de *Chama*, de Terebratules, de Rhynconelles et d'une grande quantité de polypiers et de débris d'encrines, d'oursins et de bryozoaires. Sur certains points, au bois des Lens, notamment, ils deviennent crayeux, oolitiques et donnent alors de belles pierres de taille. Ce faciès, qui n'existe pas du reste dans les limites de notre plateau, est susceptible de se développer à toutes les hauteurs de la masse, plus communément, cependant, dans les bancs supérieurs.

Mais le plus ordinairement le calcaire est compacte, très rocheux, à cassure fragmentaire et d'un aspect qui rappelle les couches massives et ruiniformes du Jurassique supérieur. Il est très souvent caverneux : grottes de la *Sartanette* au pont du Gard, d'*Espeluca* près de Dions, de la *Baume de Pasque* près Colias, du *Moulin de la Beaume, de Macassargues* au bois des Lens, etc. [1].

On y remarque quelques couches de marne jaunâtre intercalées entre les gros bancs rocheux, notamment dans le ravin par lequel on descend de Poulx au moulin de la Beaume.

J'ai recueilli dans le Donzérien, aux environs de Nîmes, les fossiles suivants :

| | |
|---|---|
| *Lithodomus amygdaloides* d'Orb. | Poulx |
| *Ostrea aquila* d'Orb. | id. |
| *Requienia (Chama) ammonia* Math. | très commun |
| *Toucasia carinata* d'Orb. | id. |

[1] Voir pour plus de détails : E. Dumas, *Statistique géologique du Gard* II 343.

| | |
|---|---|
| *Agria sp.* | Dions |
| *Monopleura sp.* | id. |
| *Terebratula russilensis* P. de Loriol | Poulx |
| — *tamaridus* Sow. | id. |
| *Rhynconella lata* d'Orb. | id. |

Nombreux polypiers

Orbitolines, dans les couches supérieures, à Russan, etc.

Je citerai comme étant particulièrement fossilifères les couches supérieures de Russan, Dions et Chambardon.

On ne trouve pas, sur le plateau de Nîmes, de dépôts appartenant aux étages secondaires plus récents que l'Urgonien. J'ai vainement cherché sur le mont de Féron, où affleurent horizontalement (voir coupe *C*) les couches du Donzérien, les calcaires marneux de l'Aptien inférieur.

Mais ceux-ci recouvrent le calcaire à *Chama* le long de la lisière Nord du plateau, près du pont St-Nicolas.

## Terrains tertiaires et quaternaires.

*Terrain lacustre* (*L*). — Les dépôts lacustres ne sont représentés, à la surface du plateau, que par quelques lambeaux, savoir :

1° La terre rouge formant les champs cultivés aux abords du mas de Ponge, sur le Barutélien, et à Chambardon, sur le Donzérien. On trouve, dans cette terre, des cailloux peu roulés de quartzites crétacés et d'arkose triasique qui paraissent indiquer qu'elle est le résidu de dépôts lacustres plus importants.

2° Au-dessous et au Nord du mas de Chambardon on trouve, sur le Donzérien, un petit lambeau de poudingue formé de cailloux calcaires impressionnés, avec quartz des Cévennes et quartzites crétacés, le tout emballé dans une marne jaune résistante.

3° Ces mêmes poudingues se retrouvent plus bas, surmontant les marnes rouges et jaunes qui remplissent le vallon des Charlots.

4° Un autre lambeau de marnes rouges et de poudingues est resté pincé entre deux failles de l'Hauterivien, sur la colline de St André près Congéniès.

5° Un autre petit lambeau analogue est resté sur le Cruasien, au Nord de Vergèze.

6° Un petit lambeau de calcaire blanc recouvre le sommet et la pente Nord du Puech d'Autel, près Nîmes. Il est marqué $e^2$ sur la feuille d'Avignon. Il repose sur la tranche des couches cruasiennes (coupe n° 3).

Le terrain lacustre éocène (marnes rouges et poudingues) affleure en outre le long de la limite nord-ouest du plateau recouvrant, en stratification très discordante, vers Dions et la Calmette, le Donzérien ; de la Calmette à Gajan, le Barutélien ; de St-Mamert à Aujargues, le Cruasien et l'Hauterivien Des dénudations et des mouvements très importants avaient donc eu lieu entre le soulèvement des couches crétacées et le dépôt des couches lacustres.

*Mollasse marine* (*M*). — La mollasse miocène n'existe sur aucun point du plateau, mais on la trouve le long de la lisière nord, recouvrant le Donzérien. Près Sernhac elle recouvre le Donzérien et le Barutélien.

Elle forme encore, au Sud-Ouest, la limite du plateau entre Aujargues et Aubais, où ses couches viennent butter contre les strates hauteriviennes.

Ces contacts ont toujours lieu en stratification très discordante, les couches mollassiques étant relevées contre le plateau.

*Subapennin* ($P_0,P_1$). — Les marnes et les sables subapennins à *Ostrea Serresi* qui forment le sous-sol de la plaine du Vistre manquent aussi complètement sur le plateau et même dans le Creux de la Vaunage. Ils affleurent par petits lambeaux au pied des pentes de la bordure sud, au pied du Puech d'Autel, à la Fontaine de Nîmes, au mont Duplan, à St-Gervasy, etc.

*Alluvions pliocènes* (*P*). — On trouve, disséminés sur les coteaux, notamment près d'Uchaud, de Milhaud, de St Gervasy, des cailloux arrondis de quartzites alpins qui sont, selon toute probabilité, des témoins des alluvions pliocènes qui ont dû recouvrir les pentes sud du plateau, puisque ces alluvions s'élèvent, en face, sur les coteaux de la Costière, près Générac, à l'altitude de 140 mètres[1]. Dans ce cas elles auraient presque entièrement disparu, dans les environs de Nîmes, sur la rive droite du Rhône pliocène, et ce n'est qu'à partir de Mus qu'on trouve sur cette rive, une véritable nappe d'alluvions à quartzites alpins. Cette nappe qui s'élève à 70 mètres environ d'altitude se poursuit de là, recouvrant le sommet des coteaux, jusque dans les environs de Montpellier.

Une nappe également bien définie d'alluvions anciennes occupe le sommet du coteau auquel est adossé le village de Dions et les sommets voisins, en se dirigeant vers la Calmette. Ces alluvions qui s'élèvent, comme celles de la Costière, jusqu'à la cote 140 sont l'œuvre du Gardon pliocène, car on n'y trouve que des roches siliceuses provenant des Cévennes, entre autres une grande quantité de cailloux du quartz laiteux qui forme dans les micaschistes un si grand nombre de filons. Les granites sont à l'état friable et les calcaires siliceux très altérés.

*Alluvions quaternaires* ($a^{1-2}$) — Quant aux dépôts quarternaires, ils sont représentés :

1° Par les terres rocailleuses ou marneuses que les eaux pluviales ont accumulées dans le fond des combes et des vallons, comme à Cabrières, Vallongue, les Crottes, etc.

2° Par les alluvions récentes qui remplissent le fond de la Vaunage. Ces alluvions sont formées par les parties les plus tenues des matériaux provenant des coteaux, les parties les plus grossières constituant les dépôts d'éboulis ou torrentiels qui garnissent le pied des cotaux jusqu'à une certaine hauteur. La limite entre ces derniers dépôts et les alluvions proprement dites est donc purement fictive.

[1] Il se pourrait cependant que certains de ces cailloux eussent été apportés de main d'homme aux points où nous les trouvons. C'est certainement le cas pour ceux de petit volume que l'on recueille en grand nombre à proximite de l'oppidum de Nages et qui ont évidemment servi de pierres de fronde.

Il est probable que les couches inférieures de ces alluvions remontent au commencement du quaternaire ou même au pliocène. C'est à ces couches inférieures qu'appartiendrait un dépôt qui est exploité, comme gravière, dans la plaine de la Vaunage, près de Calvisson. Il consiste en menues pierrailles calcaires emballées dans un limon jaunâtre. L'épaisseur visible est de 3[m] environ. Dans la partie supérieure, il y a des couches irrégulières de tuf peu dur. On n'y voit aucun cailloux de quartzite alpin.

Tout le long de la limite sud du plateau, les couches infra-crétacées disparaissent sous les déjections des nombreux ravins qui sillonnent les pentes des coteaux. Ces dépôts désignés, dans les coupes, par la lettre A, consistent dans des marnes jaunâtres ou rougeâtres entremêlés de bancs de brèche, à cailloux calcaires (*sistre*). On y trouve aussi des quarzites alpins provenant des alluvions anciennes du Rhône, mais ils y sont en petit nombre. Ces dépôts ont commencé à se former lorsque ce fleuve a abandonné son ancien lit de la plaine du Vistre. Ils peuvent donc être en partie pliocènes. Ils continuent encore à s'accroître et ils se mélangent avec les alluvions du Vistre, à une certaine distance du pied des coteaux.

Ces déjections ont une épaisseur très variable. Elles recouvrent les sables et les marnes du subapennin qui n'apparaissent, comme nous l'avons dit, que par petits lambeaux échelonnés au pied des coteaux.

---

## II. STRUCTURE GÉOLOGIQUE

### Région centrale et orientale

La puissance, c'est à dire l'épaisseur aproximative des couches infra-crétacées que nous venons de décrire et qui constituent le plateau de Nîmes est en résumé :

| | | |
|---|---|---|
| pour | le Donzérien ($C_{II}$) | 500 mètres |
| — | le Barutélien ($C_{IIIa}$) | 320 — |
| — | le Cruasien ($C_{IIIb}$) | 150 — |
| — | l'Hauterivien supérieur $C_{IVa}$) | 200 — |
| — | moyen $C_{IVb}$) | 100 — |
| — | inférieur ($C_{IVc}$) | 50 — |
| — | le Valenginien ($C_{V}$) épaisseur visible | 100 — |

ce qui donne pour l'ensemble une épaisseur totale de 1420 mètres ; soit en nombre rond 1400 mètres

Toutes ces couches se sont déposées horizontalement et empilées les unes sur les autres dans la mer infra-crétacée Elles nous offrent une série néoconienne des plus variées et des plus complètes. Leur concordance et l'épaisseur sensiblement uniforme des assises dans toute l'étendue du plateau, indiquent qu'aucun soulèvement local de quelque importance n'a eu lieu pendant leur dépôt. Mais l'alternance des zones calcaires et marneuses atteste que le sol a été affecté d'oscillations générales qui ont eu une assez grande étendue, car nous retrouvons les mêmes zones dans toute la partie inférieure du bassin du Rhône.

A ces mouvements de grande amplitude, ont succédé des mouvements plus localisés par suite desquels les couches ont été soulevées, disloquées, plissées en sens divers. Puis sont survenues des dénudations considérables qui les ont en quelques sortes rabotées, enlevant tout ce qui dépassait un certain niveau; enfin des érosions ont entamé la surface générale et achevé de mettre à nu les couches des différents âges C'est ce qui nous permet de nous rendre compte de la structure géologique du plateau.

Cette structure est mise en évidence par les coupes jointes au présent travail.

Suivons d'abord la coupe n° 1 qui va de Nîmes au Gardon, par la route d'Uzès. Nous remarquerons, en sortant de Nîmes, près de la gare des marchandises, les calcaires jaunâtres ou blanchâtres du Cruasien formant le sommet et la pente sud du mont Cavalier et plongeant vers le Sud d'environ 25°. Au-dessous nous trouvons les calcaires marneux bleu foncé de l'Hauterivien supérieur, puis viennent les calcaires hauteriviens exploités dans la carrière Martin Un peu plus loin apparaissent, toujours avec la même inclinaison vers le Sud, les calcaires marneux et les marnes noduleuses, à l'aspect terreux de l'Hauterivien inférieur. Vers le kilomètre 3, l'inclinaison des strates diminue, devient nulle et ne tarde pas à changer de sens. En face du mas de Calvas, les couches plongent déjà franchement au Nord et nous voyons cette inclinaison persister jusqu'au sommet de la rampe qui aboutit au Champ de tir et même au-delà.

Nous sommes donc en présence d'un *pli anticlinal*. Par suite de la nouvelle inclinaison que prennent les strates, nous voyons reparaître successivement le long de la route, dans l'ordre inverse, les assises primitivement observées, c'est-à-dire l'Hauterivien moyen et supérieur, puis les calcaires cruasiens formant le bord du plateau des Capitelles. En continuant à marcher vers le Nord, on trouve les marnes barutéliennes, toujours avec le même plongement, dans toute la traversée du Champ de tir et, à la hauteur du mas de Seyne, les calcaires blancs à *Chama* donzériens, plongeant également au Nord.

Mais par suite de deux nouvelles ondulations, les couches donzériennes ne tardent pas à se redresser, formant ainsi, à l'origine du vallon de Mangeloup un *pli synclinal* par suite duquel les marnes barutéliennes reparaissent dans le vallon de Poulx. Puis le plongement nord reprend définitivement par suite d'un nouveau pli anticlinal de peu d'importance, accompagné d'une faille au-delà de laquelle s'étendent les calcaires à *Chama*, jusqu'à la limite nord du plateau, Là ils disparaissent, sous les marnes aptiennes, de l'autre côté des gorges du Gardon.

En résumé, si nous considérons l'ensemble de cette coupe, nous voyons qu'elle nous offre, en faisant abstraction des plis secondaires des vallons de Poulx et de Mangeloup, un grand anticlinal dont l'axe se trouve près du mas Calvas. Le flanc nord de cet anticlinal est complet et comprend toute la série des couches de l'Hauterivien inférieur à l'Aptien, mais il manque à son flanc sud le Barutélien et le Donzérien qui ont dû être enlevés par les dénudations.

La direction moyenne de ces plis est la même que celles des strates, c'est-à-dire N. 100° à 115° E.

Si maintenant nous passons aux coupes de la partie orientale du plateau, nous constatons que le flanc sud de l'anticlinal général disparaît complètement à partir de Courbessac ; il manque en effet complètement dans les coupes A.B. C,D. et le flanc nord lui-même se réduit de plus en plus. Dans la coupe C, c'est le calcaire cruasien qui forme le bord du plateau, avec un plongement de 20° au Nord.

L'anticlinal du vallon de Poux persiste ; la faille qui l'accompagne vient passer à Cabrières et se poursuit de là vers l'Est.

Quant au synclinal de Mangeloup, il persiste également mais il n'intéresse plus que le Barutélien, à partir de Roquecourbe, où le Donzérien vient finir en pointe (coupes C et D).

Le plateau est toujours limité au Nord par le Donzérien plongeant au Nord sous la mollasse marine qui le recouvre en discordance.

A son extrémité, vers Rémoulins, le pendage s'infléchit à l'Est et même au S-E, et les couches donzériennes disparaissent sous les alluvions du Gardon ou sous la Mollasse.

Passons maintenant aux coupes prises à l'Ouest de Nîmes (coupes 2 à 7). Nous voyons d'abord l'anticlinal du vallon de Poulx se perdre dans les calcaires donzéniens de Campefiel et des gorges du Gardon, tandis que le synclinal de Mangeloup s'accentue dans le vallon des Charlots et se continue par une faille qui limite au sud la colline de Dions. Les calcaires donzériens continuent à former la bordure nord du plateau avec un plongement de 20°.

La coupe n° 2 nous montre l'atténuation, vers l'Ouest, de l'anticlinal du mas de Calvas. Le flanc nord de ce pli reste toutefois constitué par les mêmes couches que précédemment. Les couches marneuses de l'Hauterivien inférieur qui constituent son noyau, forment les terres cultivées du quartier de la Rouvière

Quant à son flanc sud, il comprend les mêmes couches que dans la coupe précédente, mais il se complique considérablement par l'apparition d'un plissement secondaire trés aigu qui relève les couches hauteriviennes et fait apparaître les marnes à *Amm. cryptoceras*, à l'emplacement même du tunnel du chemin de fer d'Alais, à quelques centaines de mètres au Nord de la Tour Magne. Les couches sont redressées presque jusqu'à la verticale de part et d'autre de cet anticlinal. Les calcaires cruasiens de la Fontaine terminent la coupe : ils plongent au Sud, mais ils sont tranchés par une faille qui a fait apparaître la source. Cette cassure est dans le prolongement d'un pli synclinal qui va se poursuivre tout le long du vallon de Vaqueyroles jusque vers le mas de Vanel (coupes n°s 4. 5. 6). C'est ce synclinal qui constitue le bassin d'alimentation de la Fontaine de Nîmes, ainsi que je le montrerai plus loin.

Dans la coupe n° 3, nous voyons l'anticlinal du mas de Calvas s'effacer. Par suite les calcaires cruasiens s'étalent sur les hauteurs du bois de Mittau, tandis que l'anticlinal du Tunnel se développe de plus en plus jusqu'au sommet de Piéméjean. A partir de ce point, celui-ci s'atténue et s'efface à son tour, vers le hameau-des Crottes. Il en résulte un nouvel étalement des calcaires cruasiens dans la direction de Parignargues, où ils disparaissent sous les sédiments lacustres. (Coupes n°s 4. 5. 6. 7).

La coupe 3 montre l'apparition du côté sud, entre la route de Sauve et le Puech d'Autel, d'un nouvel anticlinal dont le noyau est formé par les couches hauteriviennes et les flancs nord et sud par les calcaires cruasiens. Les calcaires marneux de l'Hauterivien supérieur que l'on remarque, plongeant au Nord, tout le long de la route de Sauve prennent ensuite, après plusieurs dislocations secondaires, le plongement sud et sont recouverts, au Puech d'Autel, par le calcaire cruasien. Celui-ci est exploité au pied de la colline, côté sud.

Les coupes 4, 5, et 6, nous montre le développement de cet anticlinal qui va former les hauteurs de Peyreloube au-delà desquelles il s'éteint.

Tout le long de la crête nord de la Vaunage les couches hauteriviennes conservent un plongement très marqué vers le Nord. Du côté sud de la Vaunage, les mêmes couches ont au contraire un plongement non moins accentué vers le Sud ; en sorte que nous retrouvons, sur le plateau de Langlade, au-dessus des calcaires de l'Hauterivien moyen qui en forment la crête, les calcaires marneux de l'Hauterivien supérieur, puis les calcaires rocheux cruasiens et enfin les marnes et les calcaires barutéliens, toujours avec le même plongement vers le Sud. Les calcaires à *Chama* donzériens n'y paraissent pas.

C'est ce qui ressort des coupes 5, 6 et 7. Cette dernière coupe est des plus simples par suite de la disparition des plis secondaires. Elle nous offre, en effet, entré le Gardon et la Vaunage, toute la série des couches infra-crétacées régulièrement imbriquées avec un plongement nord, tandis qu'entre la Vaunage et la plaine du Vistre on retrouve les mêmes couches, sauf le Donzérien, avec un plongement inverse. C'est donc encore un grand anticlinal dont l'axe est dans la Vaunage et dont le noyau est formé par les marnes valenginiennes.

Mais, circonstance remarquable, la direction des couches qui constituent le flanc sud de cet anticlinal n'est pas la même que celles des couches qui constituent son flanc nord. Tandis que celles-ci sont régulièrement dirigées presque exactement de l'Ouest à l'Est, celles-là ont une direction non moins constante du Sud-Ouest au Nord-Est, en sorte que ce sont les mêmes couches, le Barutélien, qui constituent le bord sud du plateau, de Milhaud jusqu'à Vergèze. La jonction des deux directions s'opère entre Caveirac et St-Cézaire. Elle donne lieu à plusieurs fractures accusées, notamment par le redressement des couches hauteriviennes à la verticale, soit dans le ravin du Puits de la Dame de Bouillargues (formant limite des communes de Caveirac et de Milhaud) soit aux abords du mas Fougeirol. Elle occasionne encore les dislocations indiquées sur la coupe 3, entre la route de Sauve et le Puech d'Autel.

A partir de ce point la direction Est-Ouest des couches subsiste seule dans toute la partie orientale du plateau, et la direction générale N.E-S.O de son bord sud provient, dans cette partie, non plus comme entre Vergèze et Milhaud de la direction même des couches, mais de ce que celles-ci, dirigées sensiblement de l'Ouest à l'Est, ont été coupées obliquement par une faille N.E-S.O.

Les nombreux et importants ravins qui entament, entre ces deux points, le bord du plateau, ne sont pas entièrement le fait des érosions. En effet, bien que les strates du Barutélien aient leur pendage général au S. E. on remarque que dans le voisinage des ravins le pendage s'infléchit, soit au sud, soit à l'Est, de manière à devenir normal à la direction de ceux-ci. Il en résulte que ces ravins se sont établis dans de petits synclinaux partiels, sensiblement perpendiculaires à la limite du plateau.

Toutefois, entre Vergèze et Uchaud, c'est une faille E.-O. qui a disloqué le bord du plateau. A Uchaud même, les couches sont redressées vers le S.-O. par le prolongement d'une faille qui passe à Calvisson et au col de Boissière.

Quant aux ravins qui sillonnent les pentes hauteriviennes de Courbessac à St Gervasy, ils sont entièrement dus aux érosions. combinées avec des inflexions locales des couches. Il en est de même des *Cadereaux* de Nîmes et de St Cézaire.

Considérant maintenant l'ensemble des coupes, nous constatons qu'en résumé, et abstraction faite des plissements secondaires, le plateau est constitué, dans la partie dont nous venons de nous occuper, par deux grands anticlinaux : celui du mas de Calvas et celui du Creux de la Vaunage.

Le premier affecte la partie comprise entre St Cézaire et Rémoulins ; son axe dirigé sensiblement E.-O., passe par le Bois de Mittau, la Rouvière, le mas de Calvas et Courbessac. Son flanc sud, déjà incomplet à Nîmes, puisqu'il y manque le Barutélien et le Donzérien, disparaît entièrement à Courbessac. Au delà, on ne trouve plus que son flanc nord de plus en plus réduit par suite de la coupure oblique NE-SO. qui limite le plateau.

Le second affecte la partie comprise entre Calvisson et St Cézaire. Son axe passe par le milieu de la Vaunage et le vallon de la Dame de Bouillargues. Il est à plus grand rayon de courbure que le précédent et offre cette particularité d'avoir ses flancs écartés jusqu'à 45°, au lieu d'être parallèles. Le flanc droit de cet anticlinal est presque aussi complet que le flanc gauche, puisqu'il n'y manque que le Donzérien.

Avant les dislocations qui ont rompu ces anticlinaux et produit les plis secondaires du vallon de Poulx, du tunnel de la Tour Magne et du vallon de Vaqueyroles, avant les dénudations qui ont nivelé le plateau, l'aspect du pays était donc bien différent de celui qu'il nous offre aujourd'hui. Si nous reconstituons par la pensée les couches disparues, nous constatons qu'il existait, au-dessus de la Rouvière, une montagne dont le sommet s'élevait à près de 1400m au-dessus de l'altitude actuelle, et qui se prolongeait vers l'Est jusque vers Rémoulins.

De même le Creux de la Vaunage correspond à l'antique sommet d'une autre montagne de hauteur à peu près égale dont les versants, moins rapides, se soudaient au Nord à ceux de la précédente, vers l'emplacement actuel du vallon de Vaqueyroles. Vers l'Ouest, ces deux montagnes avaient une base commune en pente relativement douce. C'étaient, en un mot, deux dômes contigus, allongés de l'Ouest à l'Est et raccordés, vers l'Ouest, à une base commune.

Coupes entre Sommières et Calvisson

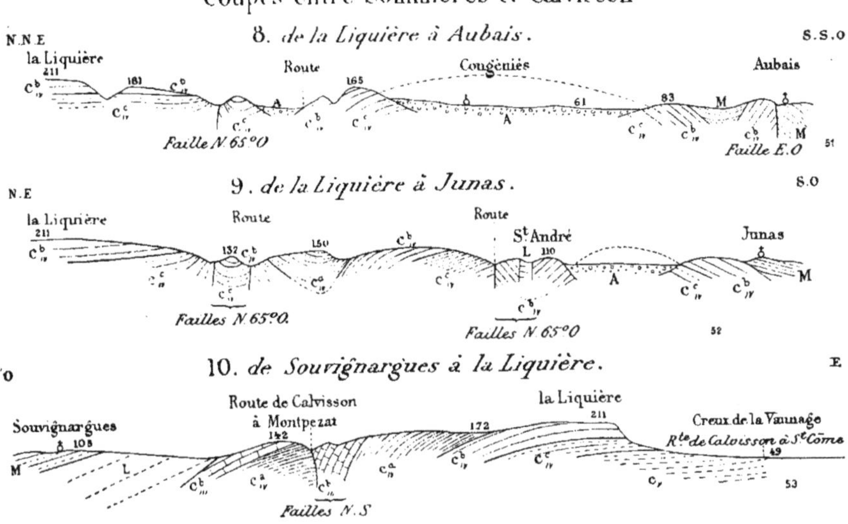


## RÉGION OCCIDENTALE.

Comme nous l'avons dit, le plateau de Nîmes est limité à l'Ouest et au Nord-Ouest par le bassin lacustre de Montpezat. Les strates urgoniennes et néocomiennes disparaissent sous les couches de l'Eocène représenté par des marnes rouges et des poudingues polygéniques. Le pendage, de 20 à 30° au maximum, est quelquefois très faible. Ainsi près St Mamert, le Cruasien n'est incliné que de quelques degrés vers l'Ouest, et c'est contre les tranches de ses assises que buttent les couches lacustres, avec une inclinaison très supérieure. Près d'Aujargues, on voit l'Hauterivien, plongeant exceptionnellement au S.-E., recouvert par les poudingues lacustres plongeant à l'Ouest. Il y a donc discordance complète entre les deux dépôts, et nous constatons les traces des dislocations qui ont accompagné la formation du bassin tertiaire.

On remarque, en outre, que la direction des couches infra-crétacées, qui est E.-O. à Dions, se modifie insensiblement, à partir de la Calmette, en se relevant vers le Nord ; en sorte qu'à partir de St Mamert, la direction est franchement N-E, c'est-à-dire parallèle à la direction du bassin tertiaire, le pendage étant au N.-O.

Près de Parignargues, la limite du Lacustre devenant N.-S. la direction des couches s'infléchit également dans cette direction et le pendage passe à l'Ouest (Coupe n° 10). Au sud-ouest, à partir d'Aujargues, le plateau est limité par les dépôts de la mollasse marine miocène, en discordance complète de stratification. Il présente, dans cette région, une série de fractures dirigées NO-SE, et une succession remarquable de petits plis [1]. La direction de ces plis tend à se rapprocher, au Sud, de la direction E.-O. C'est à peu près celle de la colline hauterivienne qui s'étend entre Junas et Lorieux. Au-delà on rencontre la grande faille E.-O. dont nous avons déjà parlé. Elle est visible à partir d'Aubais jusqu'à Vestric (voir la carte et la coupe 8). Cette faille est antérieure à la mollasse marine, car à Aubais, où celle-ci butte contre le mur de faille constitué par les calcaires hauteriviens à *Amm. radiatus*, on constate que ceux-ci sont percés de trous de pholades et formaient par conséquent le rivage de la mer mollassique.

Près d'Aigues-Vives, cette faille met en contact l'Hauterivien inférieur avec le Barutélien. A Vergèze, elle tranche le Barutélien et va sortir dans le talus du chemin de fer près Vestric. Sa direction est dans le prolongement exact de l'escarpement du pic St Loup. Nous trouverons sans doute dans la suite de nos explorations, sur la rive gauche du Vidourle, d'autres traces du grand accident qui a fait surgir cette montagne.

Elle est aussi sur le prolongement même de la grande faille qui, sur le versant sud des Alpines, met en contact le Néocomien avec le Danien.

Nous voyons ainsi reparaître la direction E.-O. qui est celle des couches et des accidents secondaires dans toute la partie nord du plateau, et qui joue un si grand rôle dans la tectonique de la partie inférieure du bassin du Rhône.

---

Il résulte de l'ensemble des faits tectoniques qui viennent d'être exposés, que le plateau de Nîmes est plutôt une région de plissement, car les failles y sont peu nombreuses et ne donnent lieu qu'à des rejets peu importants. Mais les plissements eux-mêmes n'y apparaissent que comme des effets secondaires. On ne saurait les considérer comme étant l'effet immédiat du soulèvement du plateau puisqu'ils se localisent dans les environs de Nîmes et vers l'extrémité sud-ouest, et qu'aucun d'eux n'embrasse toute l'étendue du plateau.

Le trait caractéristique de la structure géologique de celui-ci est bien plutôt que, vers ses bords, les couches qui le constituent plongent toujours vers l'extérieur et normalement à ses limites, bien entendu en rétablissant, par la pensée, le flanc sud de l'anticlinal disparu entre Nîmes et Sernhac, et sauf la pointe sud-ouest où des efforts spéciaux se sont produits. On est donc conduit à le considérer, non pas comme le résultat d'un ou de plusieurs soulèvements linéaires, mais comme provenant d'un bombement primitif comprenant, ainsi que nous l'expliquons plus haut, deux dômes ellipsoïdaux à grand axe dirigé E.-O.

[1] Tous ces plis présentent la particularité que les collines qui en sont résultées correspondent à des synclinaux, tandis que les vallons correspondent à des anticlinaux (Voir les coupes 8 et 9).

A quelle époque faut-il faire remonter ce soulèvement primitif ? Il est certainement antérieur à l'Éocène puisque les dépôts de cet âge sont en contact absolument discordant avec les couches infracrétacées. D'autre part, les dénudations importantes qui se sont produites entre les deux dépôts ont dû exiger un temps considérable. Il semble donc que l'on peut fixer, avec une grande vraisemblance, vers le milieu de la période crétacée l'époque du soulèvement. On expliquerait ainsi l'absence de tout dépôt marin appartenant au Crétacé moyen et supérieur, non seulement sur le plateau, mais aussi dans l'ouest du Gard et dans l'Hérault, à partir de la vallée du Gardon et des environs d'Uzès. Les dômes de Nîmes se soudaient en effet au Nord-Ouest avec un autre soulèvement, celui de la chaîne du Bois des Lens qui s'étend. à partir de Fontanès, tout le long de la rive droite du Gardon et qui, selon toute probabilité, faisait partie d'un autre bombement d'une étendue au moins égale à celle du plateau de Nîmes. Ces soulèvements n'étaient sans doute pas isolés et tout porte à croire que celui du pic St-Loup a eu lieu à la même époqne. Toute la région s'est ainsi trouvée soustraite au domaine de la mer crétacée.

Vers le milieu de l'Éocène,de nouveaux mouvements se produisirent et eurent pour résultat la formation du bassin lacustre de Montpezat. C'est vraisemblablement à ce moment qu'eut lieu l'affaisement du flanc sud de l'anticlinal du mas de Calvas et la coupure oblique qui détermine la limite du bord méridional du plateau, cette direction étant parallèle à celle du bassin de Montpezat.

Ces mouvements coïncidèrent avec un affaissement général des dômes, ce qui permit aux eaux lacustres de les recouvrir entièrement : d'où les vestiges qui restent de leurs dépôts, aux mas de Ponge et de Chambardon. C'est aux poussées qui se produisirent pendant cet affaissement et aux cassures préexistantes, que nous croyons pouvoir attribuer la formation des plis secondaires tels que l'anticlinal du Tunnel, les synclinaux de Vaqueyroles, de Mangeloup, des Charlots, etc., de même que les ridements multipliés qui ont accidenté la partie sud-ouest du plateau.

Quant à l'abrasion qui l'a nivelé à une altitude si uniforme, c'est sans doute à l'action de la mer miocène qu'il faut l'attribuer, ce qui indiquerait un nouvel affaissement à la fin de cette période, après le dépôt de la Mollasse.

Enfin un relèvement du sol eut lieu à l'époque pliocène, car on ne trouve nulle part, sur le plateau, trace des dépôts de cet âge, les marnes et les sables subapennins ne faisant qu'entourer le pied des pentes de la bordure méridionale. Cet exhaussement est d'ailleurs démontré par le redressement de la mollasse, vers l'intérieur du plateau. Il permit au ravinement de s'exercer et c'est à cette époque qu'ont commencé à se former les nombreux ravins actuels, en particulier le Creux de la Vaunage dont l'affouillement a, du reste, été d'autant plus facile qu'il s'est effectué presque entièrement, dans des couches de peu de consistance et déjà disloquées par les mouvements antérieurs.

Nous retrouverions ainsi dans notre région, un exemple bien frappant des phénomènes si magistralement élucidés, dans le bassin du Nord, et exposés naguère, avec tant d'autorité, devant la Société géologiqne, par M. Marcel

Bertrand. Nous sommes portés à croire que cet exemple ne restera pas isolé, et déjà MM. P. de Rouville et Delage attribuent, dans un récent et très intéressant travail[1] le surgissement du pic St-Loup à un soulèvement en « *ampoule* » ou en dôme ellipsoïdal.

Avignon, le 20 Novembre 1893.

1. P. de Rouville et Delage : *Géologie de la région du Pic St Loup*. Montpellier, 1893.

---

Laval. — Imprimerie et Stéréotypie E. JAMIN, 8, rue Ricordaine.

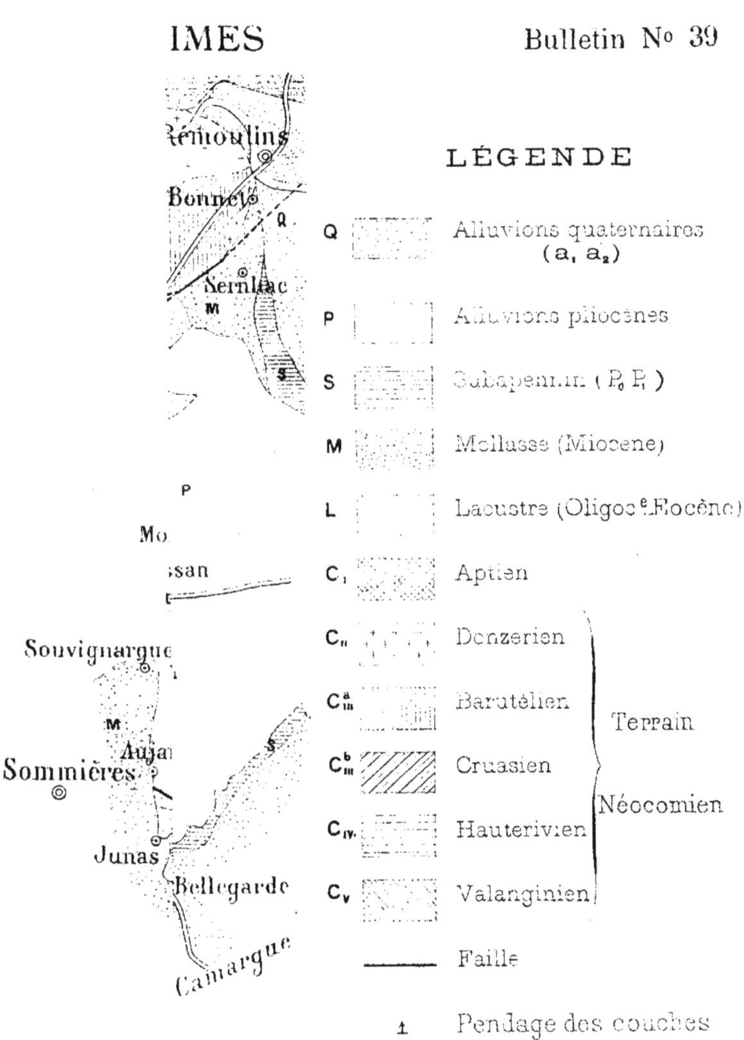


Auto-Imp. L. Courtier, 43, rue de Dunkerque, Paris.

Auto-Imp. L. Courtier, 43, rue de Dunkerque, Paris

DE NIMES

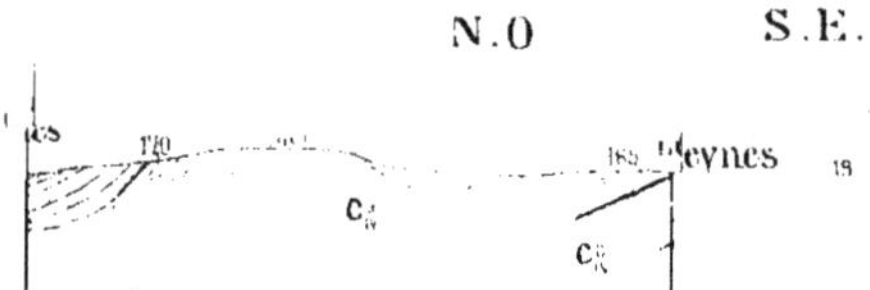

—

N.O S.E.



s, par Clarensac s.

E

zérien Urgonien des auteurs
ilis (Barutélien)
asensis (Crucien)
oceras Duvali.
Amm. cryptocera
neux radiatus.

eurs 1/60000
urs 1/30000

L. Courtier, 43, rue de Dunkerque, Paris.

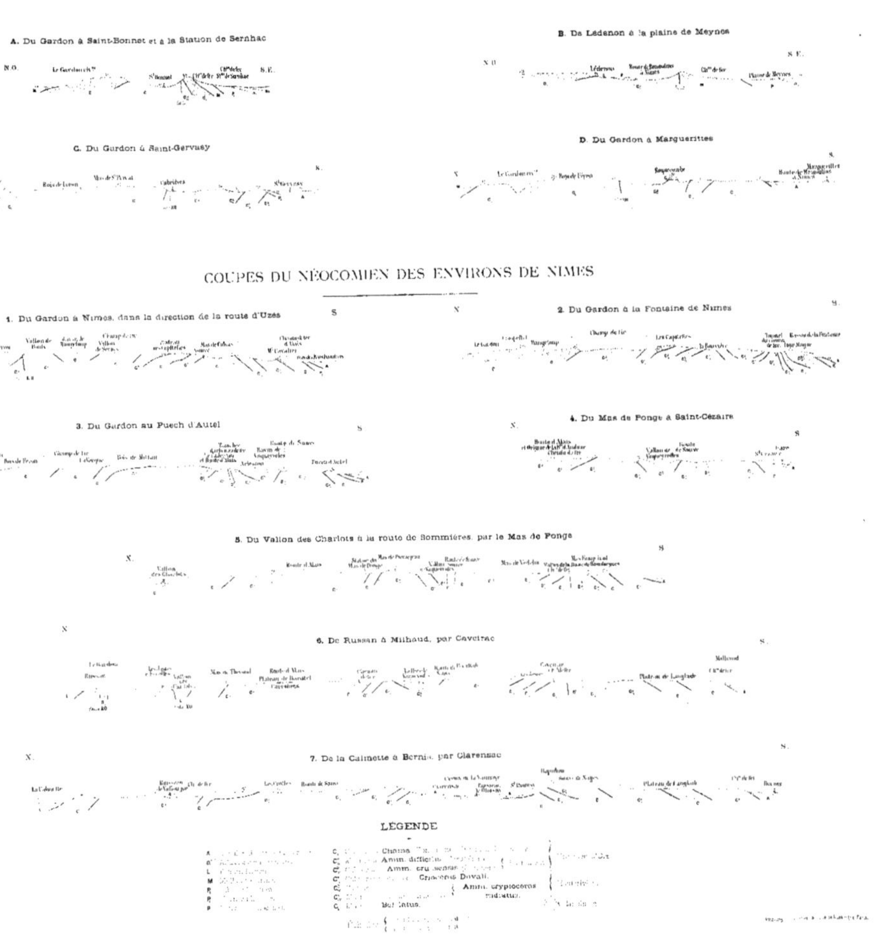
COUPES A L'EST DE NIMES
A. Du Gardon à Saint-Bonnet et à la Station de Sernhac
B. De Lédenon à la plaine de Meynes
C. Du Gardon à Saint-Gervasy
D. Du Gardon à Marguerittes
COUPES DU NÉOCOMIEN DES ENVIRONS DE NIMES
1. Du Gardon à Nimes, dans la direction de la route d'Uzès
2. Du Gardon à la Fontaine de Nimes
3. Du Gardon au Puech d'Autel
4. Du Mas de Fonge à Saint-Cézaire
5. Du Vallon des Charlots à la route de Sommières, par le Mas de Fonge
6. De Russan à Milhaud, par Caveirac
7. De la Calmette à Bernis, par Clarensac
LÉGENDE

www.ingramcontent.com/pod-product-compliance
Ingram Content Group UK Ltd.
Pitfield, Milton Keynes, MK11 3LW, UK
UKHW020526180726
13839UKWH00005B/2332

9 782329 585130